为什么射电望远镜可以看得远

温会会◎文　曾平◎绘

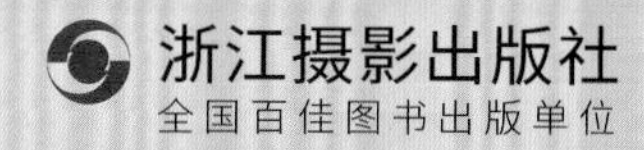

我们的眼睛能看清五米以内的事物，再远的东西，可就难看清啦！

为了看清远处的东西，人们发明了望远镜。

望远镜大家族里有一位重要的成员，它就是射电望远镜。

射电望远镜是一个大家伙，比普通的望远镜大好多倍！它究竟是做什么的，可以看到多远呢？

我是用来接收和测量天体发射的无线电波的一种设备。

说起望远镜，人们往往会提起一位伟大的物理学家——伽利略。

他发明了“伽利略望远镜”，是第一位把望远镜指向天空的人。

我的出现具有跨时代的意义！在那之后，人们对望远镜进行了一次次的改进，逐渐演变出人们现在所使用的射电望远镜。

射电望远镜可以不受天气影响，不分昼夜地观测。它能观测到更遥远的宇宙天体呢！

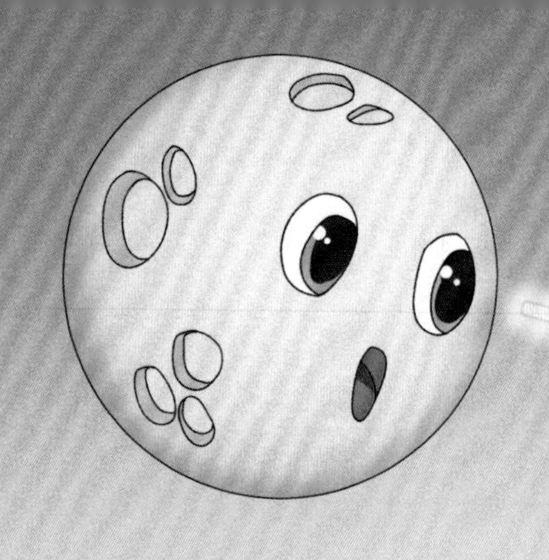

射电望远镜是如何看到那么远的天体的呢?

这就要说起它的特质了。不同于光学望远镜，射电望远镜是通过无线电波进行观测的。

相比光学望远镜，我能够观测到更多的物体！

原来，宇宙大部分地方是黑漆漆的，这些黑暗的地方没有光，难以被光学望远镜看到。

这些黑漆漆的地方，存在着许多我们看不见的暗物质。

我和光学望远镜长得不太一样，我没有目镜、物镜等一系列组件，也没有长长的镜筒。

射电望远镜的外形就像一个碗，碗的内部由许许多多的反射面板组成。

反射面板就像射电望远镜的眼睛。射电望远镜想要观测物体，都需要由它来反射无线电波。

反射面板有着十分重要的作用。它左看看、右瞧瞧，积极收集着宇宙中的各种无线电波。

我是接收机，我的耳朵十分灵敏，能够仔细地分辨各种电波。

看！接收机正在认真地工作。它从各种无线电波中分辨出有用的信号，并传递给计算机。

计算机将收集到的各种信号记录下来，画出一道道曲线。

这些曲线看似杂乱无章，实际上有很深的学问。

曲线里蕴含了大量的信息，只要人们能够破译，便能够得到天体传递出的信息。

科学家们每天都在探索其中的奥秘，希望能够更加了解宇宙。

1937 年，无线电工程师格罗特·雷伯发明了世界上第一台用于天文观测的射电望远镜。

在当时，射电望远镜的体积还很小，口径约 9.6 米。随着科技的不断发展，射电望远镜的体积越来越大，观测的精度也越来越高。

现如今，我国已经建成了世界上单口径最大的射电望远镜，它就是“中国天眼”。

“中国天眼”的口径达 500 米，面积足足有 30 个足球场那么大，是个庞然大物！

你好，我是500米口径球面射电望远镜，又叫“中国天眼”，坐落于中国贵州省。

我能接收到百亿光年外的电磁信号，能发现无比遥远的暗淡天体。
“中国天眼”是目前世界上最大、最灵敏的单口径射电望远镜，它的建成极大地推动了人类向宇宙未知地带的探索。

相信随着各类射电望远镜的迭代升级，我们能观测到宇宙中更多的天体，揭开更多的宇宙奥秘！

责任编辑　王梁裕子
责任校对　王君美
责任印制　汪立峰　陈震宇

项目设计　北视国

图书在版编目（CIP）数据

为什么射电望远镜可以看得远 / 温会会文 ; 曾平绘
. -- 杭州 : 浙江摄影出版社, 2024.1
（给孩子插上科学的翅膀）
ISBN 978-7-5514-4727-0

Ⅰ. ①为… Ⅱ. ①温… ②曾… Ⅲ. ①射电望远镜－少儿读物 Ⅳ. ① TN16-49

中国国家版本馆 CIP 数据核字（2023）第 210664 号

WEISHENME SHEDIAN WANGYUANJING KEYI KAN DE YUAN
为什么射电望远镜可以看得远
（给孩子插上科学的翅膀）

温会会　文　曾平　绘

全国百佳图书出版单位
浙江摄影出版社出版发行
地址：杭州市体育场路 347 号
邮编：310006
电话：0571-85151082
网址：www.photo.zjcb.com
制版：杭州市西湖区义明图文设计工作室
印刷：北京天恒嘉业印刷有限公司
开本：889mm×1194mm　1/16
印张：2
2024 年 1 月第 1 版　　2024 年 1 月第 1 次印刷
ISBN　978-7-5514-4727-0
定价：39.80 元